# 日日抚慰：大人的理想生活提案

【日】广濑裕子

人民东方出版传媒
People's Oriental Publishing & Media

东方出版社
The Oriental Press

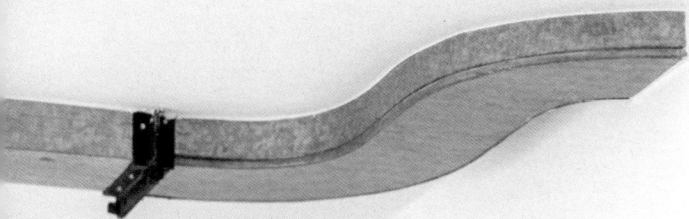

我发现迈入四十大关，和迎接五十岁时，心情很不一样。说起来，四十岁像是三十多岁的延续，五十岁就是迈向未来的年纪——六十岁或七十多岁的起点。五十岁让人有一种"告一段落"的感觉，同时又觉得正"迈向下一篇章"，更觉得是一种"全新的开始"。

每个人的感受不同，可能有人在迎接五十岁时，完全没有这种感觉，但我无法像以前的岁月一样，走过"五十岁"这个年龄，无法不有所思考。也许是……变化的速度，总觉得四十岁和五十岁的"排档档次"不太一样，某一天，在一些深入的部分、在身心方面，发现不太一样了……

有些风景，只有站在那个位置时才能看见，我认为岁月的增长就是这么一回事。

如今，我第一次站在五十岁这个位置上，可以看到以前不曾见过的景色，每一天都过着全新的生活。

我有我的五十岁，每个人都有各自的五十岁，每个人都必须面对"年岁的增长"，有时候忍不住想象，不知道那个人的五十岁是怎么样？不知道那个人如何接受"五十岁"这个年纪？如何生活？规划怎样的未来？对未来的居住环境、衣着，身心的调适有什么规划，有什么想法？

我将我的"五十岁"写成了一本书，如果能够协助各位读者从这本书中，发现一些重要的事或是新观点，将是我最大的荣幸。

站在新的位置时，眼前会出现怎样的风景呢？我希望能够仔细看清楚那片景色。

# 目录

前言
4

1.
从五十岁开始
14

2
泡红茶的时候
18

3
久违的香水
22

4
戴上回忆
26

5
『物品』和『生活』
30

6
去见想见的人，共度片刻时光
34

7
一天、一星期、一个月、一年
37

8
保持笑容
41

9
事到临头才会知道的事
42

10
往后的居住环境
47

11
万一
51

12
妥协
54

13 重拾 58

14 大人问题 62

15 实施减肥日 65

16 让时间成为助力 66

17 像那个人一样 68

18 尽可能保持整洁 72

19 身体发生变化时 73

20 身体的姿势，心灵的态度 75

21 睡一整天 78

22 偶尔熬夜 79

23 想书信般的电子邮件 80

24 吃饭的姿势 81

25 渐渐适合自己的东西 83

26 舒服的宽松 87

27 不同场合的白色衣服 88

28 量身定做 92

29 对自己的肌肤负责 96

30 贴身衣物…… 100

31 第一副墨镜 102

32 身体的角落 107

33 美好的事物 108

34 白色手帕 111

35 将意识集中在喜欢的事物上 112

36 开心过日子 113

37 魅力 116

38 口袋里 120

39 贴上希望 125

40 去做想试试的事 127

41 原谅与被原谅 128

42 喝一杯咖啡的时间 129

43 一起去旅行 132

44 单独见面 136

45 大人的眼泪 138

46 当年的时光 141

47 调养——饮食、步行、睡眠、呼吸、信赖 144

48 饮食、生存 146

49 保养，让身体维持理想状态 151

50 要成为怎样的我？——轻快却深沉 154

后记 158

# 1 从五十岁开始

　　我曾经开过一辆一九六八年生产的车子。那是一辆漂亮的车子。

　　车子虽然很漂亮，但必须定期维修保养。下大雨的时候，雨水会从车窗的缝隙中渗进来，皮革的座椅变得硬邦邦，一到冬天，坐下去很冰冷。车上当然没有汽车音响，也没有卫星导航系统，车窗是手动的。一旦开始写这辆车的故事，就发现这辆老爷车的特征不胜枚举。

　　但是，开那辆车时心情很愉快，传入耳朵的引擎声，和身体感受到的振动，都充满了"手工制造"的感觉。汽车虽然是机械，但我有时候觉得这辆车是有生命的，每次握住方向盘时，脑海中就会闪过"可能会在半路抛锚"的想法。

　　我认为，那辆汽车很像人。

　　它有着和时下的车辆不同的美丽外形，可以从它身上感受到制造者的态度，和时代的真诚。做工精巧的方向盘、车身的颜色，和顾虑到各个细微之处的人性化设计，那是现代车子所没有的魅力，具备了某些方便舒适的车子所无法体会的东西。但是，开这样的车子，也必须为此承受或多或少的不方便。我认为年岁的增长就是这么一回事。

年岁增长，就是持续接受身体、生命和自己的变化。有些是缓慢的变化，有些是突然的变化，要随时做好"不知道什么时候，会在哪里抛锚"的心理准备，就像开着老爷车上路一样。

所以，必须悉心呵护，定期保养，发现其中的美好；感受快乐，让时间成为自己的助力；同时，随时做好心理准备。

也许需要开始"准备"以后的事。可以想象，但是不必担心，不要因为过度想象看不到的未来而忽略了眼前。了解

自己的内心容易变得顽固，学会放松之道，让自己变得自由。

我并不认为五十岁的生日一过，一切就会发生巨大的改变。虽然冷静回顾五十年的岁月，恐怕会（像大部分人一样）昏倒。但如果认为是至今为止累积了五十年，才有了"现在"的我，就会觉得格外舒畅。我希望尽可能轻松地走过这个中间点，继续迈向下一个阶段。

虽然我在迎接五十岁生日之前做好了心理准备，但生日这一天并没有太多的感慨。一如以往的生日，就像一阵轻风吹过。

生日的确是"特别的日子"，但任何人都不可能一直停留在那一天。到了第二天，太阳照样升起，又是迈向下一个年龄的全新早晨。

虽然年轻时想象中的五十岁，和实际生活中的五十岁之间的落差让人感到无所适从，但还是必须继续向前走，尽可能让时间成为自己的助力。

已经五十岁了。才五十岁而已。总之，就是五十岁。

# 2 泡红茶的时候

　　从十七八岁时开始，我养成了每天泡红茶、喝红茶的习惯。

　　喜欢……固然是很重要的因素。因为喜欢，所以希望泡出好喝的红茶，于是就会看书研究，有时候去学习，或是去红茶店喝茶。

　　我曾经写过"非如何不可的事项越少，人生的路就可以走得越轻快"这句话（我也的确这么想），但我的生活中不能没有红茶。出门旅行时，一定会把红茶放进行李箱，即使出国在外，也经常喝红茶。回到饭店时，先泡杯红茶，喝杯红茶后，心情才能平静。隔天早晨也会烧开水，泡一两杯自己带来的红茶。仔细想一想，发现我喝红茶的历史比工作的时间更长。

　　在持续泡红茶多年后，有些事逐渐发生了变化。泡红茶时，是我"回归自己的时间"。有时候它可以让我的心情回归原点，有时候满脑子就只想着喝茶这件事。

以前会有"想要泡好喝的红茶"的想法，但现在已经不会这么想，只是按部就班，心情平静地，一如往常地泡茶。如今，这种心情不是对别人，而是对自己，搞不好也不是对自己。当我发现这一点时，觉得"岁月真迷人"。

长期持续做某一件事，因此获得的成长往往超乎想象，能够注意到内心世界的某些东西，思考一些平时不曾发现的事，也能够更加了解自我。当感到彷徨、挫折时，也能够保持自我。

人生的过程中，有些时候需要达到一个特定的"目标"或"目的"，但也同样需要有放空的时间，和不需要理由就可以持续做的事。

我在泡咖啡时的心情就和泡红茶时不同，也许是因为"泡咖啡"的时日尚短，只是单纯的想"喝杯咖啡"而已。也可能对我来说，咖啡只是偶尔喝的饮料罢了。

红茶是为自己而泡，至于咖啡——即使是泡给自己喝——也是为了别人。也许在我的潜意识中，有这样的差别。

如今，我希望有朝一日，可以有一个喝红茶的"空间"。这样的一个地方，可以用自己喜欢的茶杯，独自坐在那里发呆，静静地看看书，或是和朋友聊天。在日常生活中，拥有吹吹风的片刻。

人生偶尔需要这样的时间和空间。

那时候，我一定彻底放空，只是按部就班地……泡红茶。只有、只有双手在动。

# 3 久违的香水

在即将迈入五十岁的某个秋日，一个下雨的早晨，我突然想到了"香水"。

最后一次买香水是在四十岁的时候。那是巴黎的一家英国店，一个手指优美细长的男人，把香水喷在试香纸上向我介绍。我记得他手上玻璃瓶中的魔水是百合的香味。

虽然刚买回这瓶香水时，几乎每天都用一点，但其实我并不习惯香水的味道。久而久之，就忘了它，甚至忘了它最后去了哪里……那次之后，我有将近十年的时间都远离香水。

我平时都会使用芳香精油。最近还会自己制作蒸馏水，并将它制成化妆水，或是室内喷雾。这些都是自然的芳香。也许是因为我需要的是自然的香气，所以渐渐远离了香水。经过了那么长的时间，那天早晨，我又突然想到了"香水"。

我每隔几个月便造访一次的商店的地下楼层中有许多有

机的化妆品。我不时去那里逛逛，补充自己需要的化妆品，同时发现新商品。我想到"那家店好像有香水专柜……"，于是决定造访。奇妙的是，出门时的心情有点雀跃。

那家店有一些使用纯植物提炼制作而成的香水。

看着从清新的香气到散发出成熟水果般甜味的多款不同香水，我并没有东挑西选，犹豫不决，而是立刻挑选了自己喜欢的香气。当时的我，已经不再是十年前的我。我选了一瓶散发出冷峻却不失可爱香气的香水，标签上写着"Rain"，它有着铃兰的香味。

以前即使买了香水，也常常忘了擦，或是觉得香味太浓。久而久之，就不再使用。但现在每天早晨都习惯在手腕上喷一点香水，有时候晚上睡觉之前也会喷一点。

深沉的香气可以让人深呼吸。

随着年岁增长，可以修正以前的价值观。发现以前不适合自己的东西，现在确觉得很喜欢，也能够接受一些以前感到害羞的事。

如今，可以轻松摆脱以前不喜欢的事物框架。事实上，除了自己以外，别人根本不在意这种框架，只有自己觉得"真不喜欢这样，真是太讨厌了"。

相反地，也会摆脱"非这么做不可"的框架。成长的过程和以前所学的事，会随着时间发生改变。这种时候，就可以消除原本的框架。于是扪心自问，自己现在想要的到底是什么。

久违的香水为我增添了新的色彩。

香水果然是魔水。

# 4 戴上回忆

　　我的首饰不多，这一两年才开始每天都戴首饰。为数不多的首饰，都是平时可以轻松戴在身上的饰品。因为我生活在海边，这样轻快的感觉刚刚好。

　　在这些首饰中，有两件是我最为珍惜的，就是母亲遗留下来的珍珠项链和耳环。

　　珍珠项链是母亲年轻时戴过的。大小相同的乳白色珍珠已经差不多有五十年的历史，珍珠本身也很漂亮，扣环上刻的字母"M"格外精致。即使当年我还是小孩子，在看到时，就立刻知道"这是特别的东西"。

　　珍珠耳环是在我的二十岁生日时，母亲买给我的礼物。与珍珠项链是相同的品牌。

　　现在的我，喜欢戴一些轻松的首饰。但年轻时，有一段时间几乎每天都戴着珍珠项链和耳环。每次想起二十岁的我整天戴着珍珠项链这件事，就感到很不可思议。当时我穿的衣服比现在更成熟。

如果说，每个人内心都会有一个自己想象的"大人形象"，年轻时的我所认为的"大人"，应该就是在日常生活中，也能够驾驭高级珍珠项链的人。八成是这样。

我平时很喜欢一条淡水珍珠的项链，会经常戴着它。大小不一的小珍珠串在脖子上，让我感到岁月的从容。

无论是母亲的珍珠项链，还是淡水珍珠的项链，我都很珍惜，都曾经拿去店家做保养。因为串珍珠的线有点松动了，请店家为我换上新的线。这两条项链，我都希望在以后的日子中好好使用。

但是，刚戴上时的那一刹那，心情还是不一样。戴淡水珍珠项链时，就像是一种习惯；但在戴珍珠项链时，就会想

起母亲。这一年，戴这条珍珠项链的次数增加了，而且也为原本束之高阁的它换了一个新的盒子。

母亲去世时，留给我这条项链和几件和服。我没有兄弟姊妹，所以母亲很为我担心，希望我有"独立生活"的人生态度。

虽然我的人生算是平顺，偶尔也有波澜，但幸好已经走到五十岁了。

没错，和这条珍珠项链的年纪相同。

# 5 "物品"和"生活"

我所使用的物品，都是自己觉得不错的东西、使用顺手的东西、美好的东西，和符合自己生活方式的东西。日常生活中所使用的物品，可以让我获得成长。

我身边的"物品"都是必要的生活用品，数量容易整理。在很久之前，我就决定"不要成为物品的奴隶"，对我来说，"时间"最重要。

每一个人从出生的那一刻起，就大致决定了一辈子所拥有的时间。要如何恰到好处地运用这些时间，也决定了一个人的人生。

有了这种想法之后，某一天，我觉得与其把时间和思考浪费在整理、找东西上，还不如把时间用在其他事情上。不要因为拥有太多东西，需要整天要花时间整理，又无法整理干净；也不要整天想着自己想要的某件东西，羡慕拥有那些东西的人……我决定远离那样的生活。

那些"东西"并没有过错，当然也不是说，拥有很多东西是一种错，只不过每个人在任何事上都有所谓的"容量"。

不光要了解自己对物品的容量，我认为在人生过程中，也必须了解自己对其他事的容量。

年轻时，往往不了解容量，导致负荷超出了自己的能力范围。对年轻时代来说，或许是必要的经验。但是，会在某一天发现"啊，目前这样对我刚刚好"的妥协点。

我对"物品"的容量并不大。我很擅长整理，也可以从中发现像拼图般的乐趣，但只限于一定的容量。正因为有空白，能够掌握拼图的数量，才能够"乐在其中"。

另一方面，也和我的喜好有关。我不喜欢"拥挤"的感觉，喜欢好像有点不够的"空荡"感。在并不算大的容量中，

为了避免自己难以收拾，只能控制在"适量"的范围内。

即使拥有很多东西，日常生活中使用的数量也有限。任何东西，要使用才能有生命。如果只是躺在柜子里，收在箱子里，那么也就根本无法感受到物品的优点与使用它时带来的乐趣。所以，只要拥有"必要的数量""平时可以用到的东西"就足够了。

人生在世，会面临各种人生烦恼，必须做一些身为大人必须做的事。因此，不要再为自己增加"整理物品"的课题。要让自己每天置身于这些物品之中，也能够开心生活。

不知道我人生还有多少剩余的时间，我希望与这些物品相处时心情愉快。

有时候重新审视物品，看清楚物品和自己的关系，可以改变自己，也可以改变思考方式。

# 6 去见想见的人，共度片刻时光

如果有"想见的人"，我会立刻行动。因为我觉得想要"以后"再说，很可能没有"以后"了。

能够成为朋友，说明对自己而言是重要的人。有了年纪后，更加觉得"很庆幸结识这样的朋友"。也许是因为已经了解到，人生路上能够遇到让自己有这种想法的朋友并不多。

让我觉得"很庆幸结识"的朋友，都是可以交流彼此的感受和想法的人，可以分享自己内心深处的事。彼此的生活、正在阅读的书，如果对方有工作，就会讨论工作的事，分享做事的态度和想要做的事。

通过交流了解这个人，了解形成对方的光和影的部分。可以相约喝茶，或是吃饭，有时候是散步。这些只能与"很庆幸结识"的朋友聊起的事，也让我能够从对方的回应中汲取智慧与力量。

对眼前的人用坦诚、真心的态度以待，是我能够为对方做的事。所以，在见面的时候，我会尽可能倾听眼前的人说的故事。表达意见时，也会说得很明确。如果对方暂时无法说，可以等到能够说的那一天；如果自己无法用言语表达时，就请对方耐心等待。

人际关系的建立，和生活方式有密切的关系。有些人能够和很多人深入交往，有些人的人际关系广泛却不深入。应该也有人像我一样，觉得结交几个知心朋友就足够。我和大部分人都是慢慢地、慢慢地拉近距离。这并没有好坏之分，每个人都会找到适合自己的交友方式。随着年岁的增长，我觉得都很好。这个问题没有所谓的正确答案。

人与人之间有各种不同的相处方式，但所有的人际关系都是从"相遇"开始，从交谈开始。所以，我会去见朋友。

约好见面之后，无论对方是男是女，比我年长或是比我年轻，我都会想象和他们见面的情形，打扮一下再出门。

其实我每次都穿差不多的衣服，但会努力想着让见面的时间更愉快。和别人见面，是和对方共同拥有的时间，希望双方在见面之后，都能够觉得"这次见面很值得"。

约在某个地方见面，然后去某家餐厅喝咖啡、吃饭……分享最近发生的事、开始看的书、最近的心情、身体状况、工作情况、时尚的话题、情人的事和家人的事。话题偶尔中断时的沉默也很棒，沉默时，可以感受对方的气息，甚至可以比说话时感受到更多。

每个人都有各自的生活和工作。在见面的时候，尊重对方，同时也尊重自己。在人生的岁月中产生片刻的交集。

你现在想要见谁？

# 7 一天、一星期、一个月、一年

每天早晨醒来时，我都会对饲养的猫说："早安。"然后为它准备早餐，打开窗户，播放音乐，为阳台上的盆栽浇水，然后为自己泡红茶。除了外出旅行的日子，我每天都用这种方式开始一天的生活。

一天之中，我最喜欢早晨的时间。无论晴天还是雨天，无论心情如何，都可以感受到"能够这样迎接早晨"是一件重要的事。

有时候房间内井然有序，有时候还残留着前一天晚上的余韵——也就是没有整理的意思。无论是神清气爽地醒来，还是内心有点隐隐作痛，对我来说，都是一个全新的早晨。

年轻时，从来不曾想过，有朝一日，自己的时间会走到尽头。但这就是年轻，也是年轻岁月的特权。或许是因为这样的关系，所以整天匆匆忙忙，会为未来烦恼，会很努力，

但也同时感到不安。

在发现生命的时间有限之后，就开始希望"认真过好每一天"。这是在耗费了相当长的时间后，才终于有了这样的体会。

因为从发现之后，必须经过一段时间，身心才能真正接受。

上了年纪之后该怎么办？万一生病该怎么办？每个人都会为此感到不安，但是，没有人能够预测未来的事。

六十岁后会产生的担心，七十岁后要面对的不安。但是，我们甚至无法知道自己能不能活到六十岁，也不知道能不能活得比六十岁更久。

所以，我告诉自己，不要带着担心和不安思考未来的事，不要过度思考以后的事。

并不是不思考。虽然思考，但不必忧心。凡事就顺其自然，有句话叫做船到桥头自然直，当船驶到桥头时，努力用正确的态度让它变直。

为此，必须好好感受每一天，无论是阴晴雨雪。

"今天"不断累积，就变成一个星期，进而变成一个月、一年……虽然无法预测一年之后的事，但可以选择充实度过今天与当下这一刻。

我已经知道，人生并非每一天都会快乐，也知道有些时候，心情无法畅快。即使这种时候，也只是因为"今天刚好是这样的日子"。

让自己在一天结束之际，觉得"今天也过得很好"，真心期待新的早晨再度来临。

# 8 保持笑容

当我们停下脚步，遇到必须思考的事时，往往需要做出选择。这种时候，我会选择能够让自己"保持笑容"的选项。选择能够让自己现在保持笑容，在不久的将来，也能够继续保持笑容的选项。

遇到烦心的事、遇到必须说服自己勉强接受的事时，我首先会问"自己"，我真的需要这么做吗？如果觉得"算了，没关系"，那就接受；如果会让自己不开心，就会思考其他选项。

心情、手上拿的东西或身上背负的东西越轻，走路时就越轻松。当年岁越大，就会越来越重视轻松走路这件事。如果能够笑着走路，未来的路一定会很愉快。

如果因为太愉快，笑得太开心，导致眼尾出现鱼尾纹，那是一件多么美好的事。

# 9 事到临头才会知道的事

　　我想，我是在有了一定的年纪之后，才了解到"有些事，要事到临头才会知道"。无论是自己的事、别人的事、人际关系、工作、生死、疾病，有关人生的所有一切都是如此。

　　我们能够在某种程度上想象别人的痛苦和悲伤。但是，人生过程中的很多事，真的只有成为当事人之后才能体会。

　　当自己也身处那个立场时，才终于能够了解，原来当时那个人是这样的心情、这样的感受。于是，可能会觉得当初应该对对方更好一点，觉得自己应该多说几句，或是相反地，认为自己当时太多话了。

　　随着年纪的增长，接触疾病和生死的经验也会增加。亲近的人离开人世、家人生病，自己的身体状况不太理想。可能会失去或是陷入伤痛，甚至看不到人生的希望。这些情况，真的必须事到临头才能体会。

当自己无法了解、无法想象，或是不曾经历过时，尽可能不要太武断。

当自己还无法了解时，唯一能做的，也许就是"静静地倾听"，这种时候，不需要表达自己的意见。当无法用言语表达时，那就慢慢等待。当理解了对方的立场时，再为对方做力所能及的事。

我们体会这些"事到临头"的经验，也许就是为了这些经验能够在有朝一日，对他人有所帮助。忘了从什么时候开始，我开始有这样的体会。经验可以让我们了解，能够为和自己相同立场的人做什么。虽然每个人的感受方式、接受方式和表达的方式各不相同，但"悲伤"的感情并没有太大的不同，所以，只要回想一下当初自己面临同样遭遇时的情况就好。

事到临头时的伤痛，有的会消失。如果暂时还无法消失，那就带着这些伤痛继续走下去。

　　大人即使背负着某些东西，往往也不会说出来。有时候并不是故意不说，而是没办法说；有时候可能需要一点时间，才能够说出来；有时甚至连亲近的人也没办法说。

　　年轻时，从来不会想到这些事。经验也许是为需要这些经验时所准备的礼物。年岁的增长，同时也是为生命增加厚度，即使内心带着伤痛，仍然可以继续迈向人生路。所以，我觉得"年龄增长也不坏"。

　　无论是欢喜述是悲伤，都是属于我的时间，我可以自己决定在人生岁月中看见什么、感受什么，留下什么影响。二十岁有二十岁的影响力，三十岁有三十岁的影响力，五十岁也应该有五十岁的影响力。

# 10 往后的居住环境

我认为在居住环境这件事上，有几件事很重要。第一，窗外的风景。其次，就是周遭环境的气氛。第三，每天要在那里做什么。

我觉得我对居住环境的要求每年都在改变。居住环境和家庭有多少成员有关，但我认为不需要太大的房子。温暖舒适的房间、方便使用的厨房和浴室，动线合理流畅，比大房子更重要。除了自己一直都珍惜的东西以外，再加上这些条件，就可以提高生活质量。

我的脚之前受了伤。腿上打了石膏的日子比想象中更不方便，因为无法泡澡，只能淋浴。上、下楼梯时只能一级一级小心翼翼地慢慢走，无法拿高处的东西，也几乎无法弯腰，有很长一段时间，都无法走进厨房下厨。

在腿伤痊愈之前，持续了一两个月这样的生活，但我很

庆幸那次的受伤经验。因为我觉得让我提早体会到"上了年纪"之后的生活。

但是，受伤可以预料"大致多久会恢复"，年岁增长后所发生的，往往是无法预料的事。所以，也许必须提早思考居住环境的问题。

我在脚受伤之后，搬到了老旧集合住宅的二楼。决定搬到那里时，脚伤还没有完全恢复。当时对住房的要求是，楼梯不要太陡，有空间可以放床，厕所要宽敞，可以饲养猫。

如今腿已经痊愈。回顾当时的要求，有点想要发笑。但其实这些条件对日后的生活也很重要。

我认为还有一件事也必须提前思考。虽然……应该还很遥远，但如果发生什么意外，需要他人照顾时，希望居住的环境能够让来帮忙照顾的人也感到舒适。

整洁的空间有清爽的感觉。比起家中堆满根本用不到的东西，当然是可以清楚知道哪里放了什么的环境更方便活动，而且我认为方便清扫是基本要求。

虽然到了一定的年纪之后，有些事无法做到，但要力所能及地做好基本的事，尽力维持任何人都会觉得舒服的环境。

想要每天过怎样的生活，想要看到怎样的景色，吃什么、用什么、听什么、说什么，最好充分了解自己的要求。每个人重视的事情不同，对生活的要求也不同。

方便、舒适、开心和价值观建立在无法以一言蔽之的平衡和协调的基础上。

从现在开始，在思考自己的居住环境时，必须稍微考虑到以后的事。

# 11 万一

万一有什么三长两短——为了预防这种状况发生，我已经向朋友交代了必要的事。

我不需要坟墓。骨灰撒在叶山的大海中（目前的想法）。我养了一只黑猫，希望可以有人接手。家里所有的东西，如果朋友想要，都可以拿走。我用开玩笑的方式，向好几个朋友交代了这些事。

并不是因为我已经走到了某个年纪的关系，而是在某个时间点，我发现"生"和"死"原来如此相近。当我发现任何人都无法自己控制生命之后，就开始向朋友交代万一要发生的事。

思考死亡问题，或许让人感觉有负面印象。但是，明白自己随时可能从这个世界消失，就会发现"活着"这件事的重要，它会绽放出闪耀的光芒。正因为人生在世的时

间有终点，所以更要活得充实。

虽然我这么说，可能会造成误会。但我想要好好珍惜自己。所以，有时候除了思考"活着"的问题以外，也会思考"死亡"这件事。

努力活得充实……在思考这个问题时，发现自己能做的事、想要做的事有限。吃得香、睡得足，和心灵相通的人一起生活、有自己的工作，充分感受内心的想法，在一天结束之际觉得"今天也是美好的一天"。

即使明天早晨不再醒来，也了无遗憾了。

无论和家人一起生活，身旁有伴侣，还是独自一人，对我来说，都没有差别。

我开始觉得，自己的人生中，不需要再为无法如愿的事感到遗憾，也不必为自己不喜欢的人和事浪费自己的感情和时间。无论是如愿的事，还是遇到不如意的事，日子还是照样一天一天过去。

以后的时间是在"现在"的延长线上。既然生命无法控制，自己所能够做的，就是珍惜"现在"。因为"现在"可以决定未来。

我交代朋友的内容，除了黑猫的事以外，其他都不是很重要的事。从某种意义上来说，都是手续上的和表面的事。

但是，真正把"交代"说出口，就可以接受自己的生命时间并非无限的现实。同时觉得，可以说出自己的想法，也有朋友愿意倾听，是一件幸福的事。

# 12 妥协

最近，我经常想到"妥协"这个字眼，还有双方"互让""各退一步"。我并不认为这是坏事，相反地，是一件美好的事。

我在说"妥协"时，通常代表"向自己的人生妥协"的意思。没错，并不是向别人妥协，而是向自己妥协。

我其实很不擅长向自己妥协，恐怕还要再努力一段时间，才能真正做到这一点。因为生活中有很多事让人无法轻易就妥协。

无论在日常生活中、工作上，还是人际关系中，常常有很多不顺遂。现在我渐渐学会用委婉的方式说出这些不顺遂，努力让对方了解。但也是这一两年，我才能做到这一点。以前我往往对自己过度坦诚，或是不敢说出口。

虽然坦诚是优点，但必须"视时间和场合"。所谓"一言既出，驷马难追"，话一旦脱口，就无法再收回来。"感受"固然重要，但"如何处理"自己的感受和情绪也很重要。如果不考虑后果，直接把自己的感受和情绪说出来，最后就会伤害他人，也可能伤害自己。

我认为成为一个成熟的大人，并不是对任何事都麻木不仁、无动于衷，也不是做任何事都无懈可击，更不是轻言放弃，而是"相互接纳"。我认为这就是"妥协"。

要接纳他人，首先要接纳自己。我们往往无法做到真正肯定并接受自己。

无论活到多少岁，我们都不可能对人生百分之百感到满足，而且正因为不满足，所以能够涌现更上一层楼的原动力。更何况无论满足或是不满足，人生都要向前走。有一天，我突然发现，"无论肯定自己，还是否定自己，人生都得继续向前走。既然这样，当然要肯定自己"。

"首先，接纳自己的人生，向自己的人生妥协。"

每个人都有好几个面向，有温柔，有坚强，有脆弱，也有严格。在日常生活中，有时候无法做到理想中的自己，有时候也会沮丧地停下脚步。

只要活得久，就会面对生离死别，也会遇到一些懊恼的事，觉得"没想到会这样"。此时此刻，"身在此处的自己"和"内心深处的自己"，以及"在社会生活中的自己"都是自己的一部分，这些"自己"共同打造出完整的人生。

即使觉得"那不是我……"，但其实也是自己的一部分。既然这样，不妨认同、接纳自己。尤论是好事还是坏事，都完全接纳。将自己的不完美也编织进人生这条岁月的长河之中。我深信，一旦编织进去，日后就会变成美丽的图案。

"妥协"的日文是"折り合う（o-ri-a-u）"，据说这

个字眼原本来自赛马，赛马听从骑手的控制和命令，称为"折り合う"。在长跑比赛中，骑士必须运用策略操控赛马，和想要拼命往前冲的赛马之间达成妥协，才能够发挥出最好的水平。

从某种意义上来说，人生或许也是一场"长跑比赛"，只不过这场比赛没有胜负。每个人按照自己的节奏，活在各自的岁月中，沿途向内心涌现的感情和遭遇的事妥协，用自己找到的姿势持续奔跑。

# 13 重拾

最近，我开始想"重拾"小时候曾经学过的钢琴。我坐在朋友的车上时，听到钢琴的乐曲，音乐声似乎敲开了我的心门。

当车子穿越夏日的森林时，钢琴的旋律仿佛把风景变成了音符，传进我的心里。就在那个刹那，我重新发现"原来我喜欢钢琴的声音"。虽说是"重新发现"……但也许是全新的发现，因为我从来不知道，钢琴的声音可以如此深入地传递到我的内心。

"我想要重拾……"

最近，从好几个朋友口中听到这句话。有人想要投入自己喜欢的兴趣爱好，有人想要重回工作岗位，也有人想要出门旅行。总之，有好几个人想要重拾一度放弃、一度淡忘的事。

年轻时就有了小孩子的人，可能是因为养儿育女已经告一段落；一度辞去工作的人，可能学会了用不同的态度对待工作。旅行的方式也和以前不一样了。

　　身强力壮、精力充沛时，和有了一定年纪的现在，有很多地方不一样。

　　比方说，在以前的日子，"为别人奉献""以家人为中心"的意识总是如影随形，挥之不去，如今终于能够稍微摆脱这种想法。

　　一方面是因为远离了竞争，所以重拾的目的也许不再是为了追求"出色"，而是为了寻求"乐在其中"。总之，稍微改变了前进的方向，这也许就是五十岁这个中间点的不一样。

当我发现自己喜欢钢琴的音色后，想要"再一次学钢琴"。但并不是像小时候那样，从《拜尔钢琴教本》开始学起。只是为了能够弹出几首自己喜爱的乐曲。

最好是优美轻快而又简短的乐曲。这也是大人才能够做出的选择。

目前，我虽然还没有正式开始学，但会经常听钢琴曲。有时候向朋友打听以前曾经听过、留在记忆中的优美乐曲，或是听朋友推荐的音乐家的作品。

早晨醒来时，下午喝茶、吃点心时，夜晚入睡之前的短暂时刻，钢琴的旋律总是围绕着我。

# 14 大人问题

　　即使到了我目前的年纪，仍然不时会思考"到底怎样的人才能称为大人"这个问题。于是我知道，"大人问题"是任何年纪的人都会思考的问题。二十岁时，会有二十岁的疑惑；四十岁时，又会有四十岁时的疑问；即使到了五十岁，仍然搞不懂"到底怎样的人才能称为大人"。

　　年轻时以为，一旦成为大人，就可以兵来将挡，水来土掩。对任何事都能够应付自如，能够轻松化解人生的难题，从容面对社会生活，不会杞人忧天、胡思乱想……

　　但渐渐发现"并不是这么一回事"。现在回想起来，很纳闷当时为什么会有这种想法，因为在我小时候，我周遭的大人并不是每一个都活得这么潇洒。

　　即使到了现在，我有时候也会深深叹息，有时候会露出苦笑，发现自己原来根本还没有成为理想中的大人。每个人都有各自的烦恼，所谓"大人"，而且是"理想中的大人"也许根本是一种幻想吧。

但是，比起二十多岁时，现在的我的确渐渐变成了"大人"。以前面对事情，只能看到一个角度，或是只能从一个角度看问题。不知道从什么时候开始，能够从不同的角度看问题。

让我感到生气的事比以前少了很多，虽然会思考，但不会胡思乱想，也不会自寻烦恼。这样的改变让人心情舒畅。

也许是因为"不再敏感"的关系。但是，我认为是自己学会了"轻快、轻松过日子"。这种"轻快"，也可以换另一种方式来表达，那就是成为大人之后，了解到凡事都可以有多种不同的选择。也能够设身处地，从不同的角度思考问题，更能够为他人着想。

人生的学习永无止境。即使以为自己知道这个道理，但过了一段时间之后，还会再度体会到一山更比一山高。当攀登上一座高峰时，才会发现自己以前的认识多么肤浅，于是就会再度迈开步伐。人生就是不断经历这样的过程，正因为如此，人生才有趣味，才会让人不断走下去，有时候也会停下脚步歇一歇。

有一句话，我时时刻刻铭记在心里。那就是——正确行为和错误行为的尽头，都是同一片原野。我认为所谓的"大人"，或许就是能够站到那片原野上的人。那是一个温暖、平静，让人安心的地方，是一个原谅和被原谅的地方。

原野——能够站在那一片原野上，或许才是真正成为"大人"的第一步。

# 15 实施减肥日

　　不妨每周一天，或是一个月一天，根据自己身体的实际情况，实施减食日。让内脏得到休息，让身体睡得更安稳。

　　当年岁增长后，身体内部也会发生变化。身体一天二十四小时、三百六十五天毫无停歇地工作，但是因为肉眼无法看到身体内部的情况，所以有时候要让身体休息一下。

　　即使白天像平时一样正常饮食，不妨在晚餐改喝粥；如果平时经常吃甜食，这一天可以改吃水果干或是水果，或是留到隔天再吃；也可以在减食日喝蔬菜汁、蔬果泥和热茶。

　　当内脏得到充分的休息，感觉变得敏锐之后，就更容易倾听身体的声音，同时，心情和想法也会变得更开朗。

# 16 让时间成为助力

　　我觉得，年岁增长的最大魅力，就是借由经验，让自己变得充满余裕。我认为的余裕——就是恬静和宽容。在必要的时候，用必要的话语和行动表达。了解这个世界上，有些事情和感情就是无解。同时，了解到时间可以解决自己遇到的任何问题。我认为人生的世界，能够随着岁月的累积而增加精神的厚度。

　　时间很奇妙。虽然二十四小时、一小时、一分钟的时间单位很固定，但在现实生活中的时间流逝，会随着不同的时间和环境发生改变。"别人的一个小时"和"我的一个小时"不一样。

　　所以，我认为"我现在几岁"这件事并不是那么重要。

　　每个人都拥有各自的时间，在各自的时间中经历各种事，在内心沉淀，走过这段时间之后，留下某些东西。我认为，最重要的是最后能够留下什么。

　　虽然失去很多，但如果把注意的焦点转移到自己得到的事情上，想清楚自己能够因此渐渐得到思想与精神上的余裕，那就是很好的归点。

　　想要摆脱多年来养成的习惯和思考方式并不是一件容易的事。即使这样，仍然要付诸行动。尝试之后，如果做不到，就再度尝试，也许久而久之，就真的做到了。

　　这就像小时候学骑脚踏车一样，一次又一次练习之后，在某个瞬间，突然就学会了。

　　让时间成为自己的助力。那一天，一定会出现。

# 17 像那个人一样

在长大成人的过程中，有一个"我想要成为这样的大人"的榜样很重要。我有好几个"想成为像这样的大人"的榜样，可能是很希望拥有像那个人一样的生活方式、思考方式，和对待事物的看法，也可能是那个人的整体感觉令我感到羡慕，或是觉得那个人的生活很圆满。

其中有几个是只能透过文字、影像和作品了解的人，还有几个是生活周遭可以实际"见到"的人。即使有些榜样离我很遥远，我仍然能够从遥远的地方接收到某些信息；近在身边的人，可以在身边带给我某些不一样的抚慰。

人和人之间，都是在相遇之后才逐渐了解，在这个过程中，逐渐长大成人。我认为大人无关年龄和身份，而是取决于那个人"做到了几分真实的自己"。这和年满二十岁，或是结了婚、有了小孩这种社会性的归类方式不同，而是另一种层次的大人，所以，遇到"理想中的大人"很重要。能够遇到让自己觉得"也许这种人，才是真正的大人"的人，能够大大拓展自己的视野与价值观。

有时候，我会想起自己的榜样。

当遇到问题时，想象"如果是那个人，或许会这么做"；心情沉重时，阅读榜样所写的文字，就可以重新振作；有时候看榜样的照片，就能够坚定自己的决心。

如果成为自己榜样的人就在身边，就可以相约见面、聊天、喝茶、吃饭，近距离感受对方身上所散发出的毅然气氛和心情畅快的美丽。这种时候，就会觉得"嗯，出色的大人真的是很棒"！

年长的人让年轻人觉得"长大成人真不错"，就是一项可以留下、传承的东西。看到五十岁的人活得很精彩，就会

期待自己的五十岁；看到六十岁的人活得很轻松，自己也会想要学习轻松过日子；看到七十岁的人能够坦然接受人生的喜悦和悲伤，也许会觉得时间的流逝并不可怕。

在觉得"希望像那个人一样"的瞬间，就可以从榜样的身上接收到"勇气"。

五十岁，已经足以算是大人了，既可以传承，也能够接收。并非只有传承，或是只有接收，而是两者并行。

五十岁，就是这样的年纪。

# 18 尽可能保持整洁

我向来要求自己的房间、衣着打扮、自己本身，还有心情和选择，都"尽可能保持整洁"。"尽可能"这种程度刚刚好，既不是绝对，也不是完全放弃，而是尽力而为……这种感觉，就是我的"尽可能"。

有时候无法如愿，这也是理所当然的事。虽然明知道这样的道理，但身心往往无法接受。人生有起有伏，有些山头轻松走过，有些高峰却难以攀登。所以，只要尽力而为，"尽可能"就好。

整洁的日文是"绮丽（ki-re-i）"。"绮丽"这两个字中包含了很多意思，清洁、美丽、清爽、纯洁。从中可以寻找到想要的"绮丽"。

到了一定的年纪之后，往往会将"尽可能"往对自己有利的方向解释。这个嘛，也没什么不好。即使如此，我仍然觉得尽力而为就好。

# 19 身体发生变化时

有些年龄时段，身体会发生变化。

过了那段时期，身体就会恢复原状，但身处旋涡之际，有时候会感到很痛苦。这种时候，往往是改变的机会，或是让我们了解到变化的发生。

不妨重新检视之前的饮食和习惯——这些日常生活中理所当然的行为。如果身体没有发生变化，我们往往不会花时间检视自己的生活。同时，无论是否有明确的病名，都要接受"身体状况不佳"这个事实。

如果可以，不妨向自己的亲朋好友详细说明自己的状态和感觉，让对方了解。在说明的时候，必须保持心情平静，安静地诉说，不要责怪、埋怨。周围人的理解可以让身心大为放松。

经过一段时间之后，就会找到自己的解决方法和相处之道，得以与改变的身体和睦相处，适应身体的变化。完全不需要自责，必须了解到，这种情况也是伴随年岁增长而来的一部分。

我比以前更关心身体的感觉，尽可能不让自己处于身体（还有心灵）容易紧张的环境。举棋不定时，就会选择不会造成自己紧张的选项。为此，就必须了解自己在紧张时和放松时的状况。

方法很简单。闭上眼睛后想象，自己身处那个场景中，一旦感到紧张，就放弃这个选择。如果同时有好几个选项，就选择最能够让自己放松的选项。

人在放松的时候，才能够发现自己曾经陷入紧张的状态，所以，不时刻意自我放松很重要。

身体比脑袋（知识）更诚实，尽可能让自己的身体保持诚实的状态，才能够倾听逐渐变化的身体所发出的声音。

# 20 身体的姿势，心灵的态度

有时候在路上和行人擦身而过时，会忍不住回头多看一眼。通常都是一些姿势很挺拔的人，有的人走路有风，有的人看起来心情很愉快，有的人浑身散发出毅然的感觉。这种时候，就会再度体会到，姿势很重要。

之前曾经有人对我说："一旦决定要'这么做'时，身体就会转向那个方向。"身体可以随着想法改变，而且不光是身体，心灵也是如此。身体的姿势和心灵的态度，都完全取决于自己，所以，有时候我会思考……自己该保持怎样的姿势？

我的记事本上写了很多东西，除了当下的状态，还有希望自己牢记在心的话语，以及理想中的自己。有时候想到时，会拿出记事本，看自己写的这些内容。

我总觉得，一旦诉诸文字，就离自己更近了。容易忘记

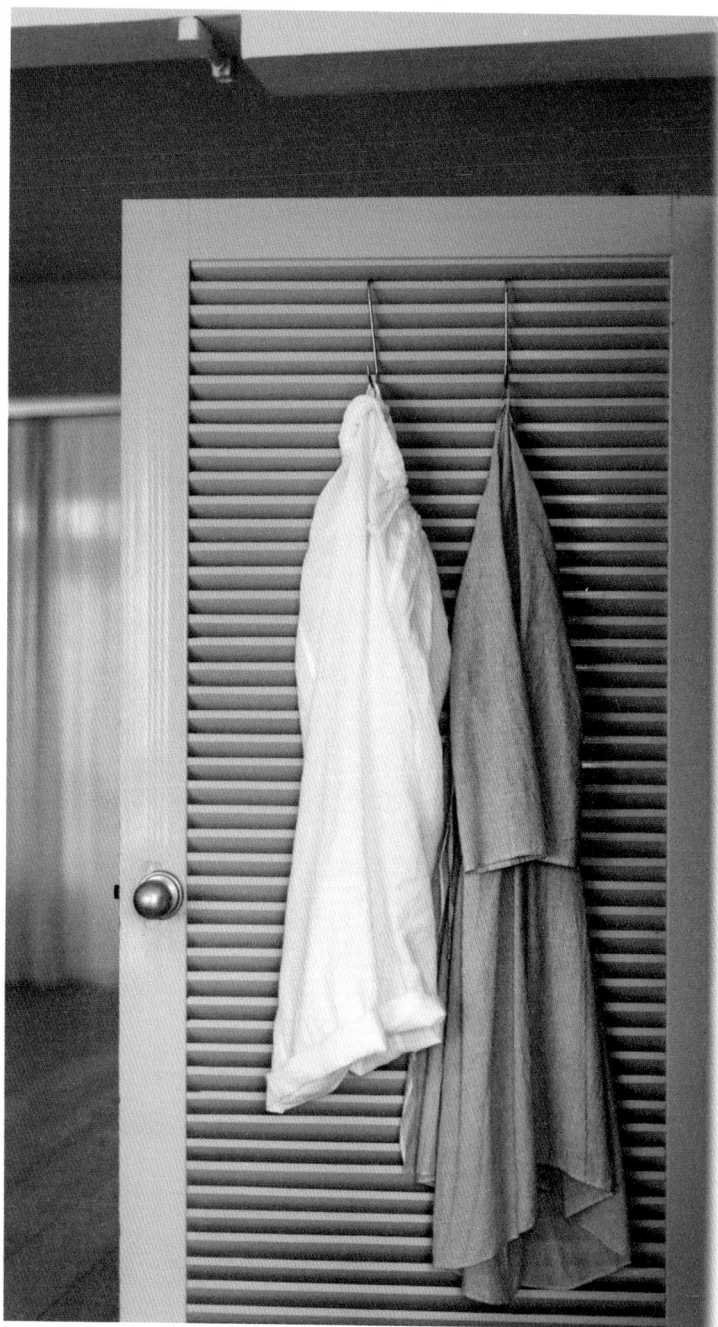

的事也可以记在心上，从"现在的感觉"到"日后的期望"。也可以了解到，时间宛如一条长河，以"现在"为轴，川流不息。

记事本上当然也有关于"姿势"的内容，容易被遗忘的事，和认为麻烦的事（"麻烦"这两个字具有可怕的力量）都记录下来。

姿势挺拔的人最吸引人的地方，就在于整体散发的感觉很优美，他们一定抱着"我想要这样生活"的信念。保持良好的姿势需要某种程度的"意志"，不知道有多少次，当我回过神时，发现自己弯腰驼背……但是，只要有意识地在这件事上努力，就会渐渐成为日常的习惯。这种魅力可以超越年龄和性别。

姿势、身体的方向、心态和看待事物的方式想要朝向哪个方向，都取决于视线前方的风景。能够从中看到什么？想要从中看到什么？即使现在看不到，只要知道自己想要看到什么，就可以看到。就好像和走路有风的人擦身而过时，彷佛可以看到他前方的风景。

# 21 睡一整天

每个人都有感到疲累的时候，这种时候，我会让自己放松一整天。虽然无所事事会让人心生罪恶感，但不妨承认，每天以相同的节奏生活很困难。

抛开一切烦恼，在床上滚来滚去睡一整天，充分休息，不需要有任何愧疚感。

无论身体和精力都不如以前，现在是现在，任何人都有身体状况不理想的时候，因为我们是活着的生命，所以这是很自然的事。

感到疲累的时候，不要勉强自己，不要硬撑，努力寻找走过低潮的方法。发挥一点勇气和智慧，让年岁的增长更愉快。

很久很久以前，曾经在一家修道院听到这句话——"好好对待你的身体，让你的灵魂想要在你的身体内安住"。

# 22 偶尔熬夜

觉得熬夜很开心，已经是很久以前的事了。自从了解早晨的时间多么舒服之后，我渐渐变成了晨型人。

但是，偶尔熬夜也不坏。吃完晚餐后，一直聊天到深夜；外出旅行时，等待黎明的曙光；熬夜看喜欢的小说；参加通宵派对；和心爱的人共度良宵。

正因为有这样的夜晚，更能够体会日常生活中清晨的时间有多重要。

开心熬夜后，需要花很长时间才能恢复，这也是无可奈何的事。隔天照镜子时，可能会被吓一跳，或是觉得浑身好像灌了铅块……

但是，有时候正因为有这样的时间，才会了解这个世界的美好。有些夜晚此生难得，留在记忆中的，往往是这样的夜晚。

# 23 像书信般的电子邮件

接到来自远方的信息是令人高兴。同样，我也很喜欢每天和朋友之间互通电子邮件。虽然不时听别人说，电子邮件很乏味，但是，像书信一样的电子邮件，没有时间差的电子邮件，可以感觉到彼此的距离更近了。

有好几个朋友都会寄给我像书信般的电子邮件，不知道让我高兴了多少次，也不知道有多少次让我得到了救赎。彼此的交流和形式无关，重要的是想要传达给对方的那份心意。

在写电子邮件时，写一些让自己感到舒服的话语，阅读时感觉流畅的内容。能够用言语表达的，就充分运用文字的力量。这才是大人该写的邮件。同时不要忘记，电子邮件是容易产生误会的通信方式。但有时候，电子邮件比直接见面、聊电话和写信更理想，因为可以立刻告诉对方，"我在思念你"。

# 24 吃饭的姿势

我很崇拜那些吃饭时，姿势也很挺的人。崇拜……应该说是喜欢。

吃饭的时候，挺直身体，气定神闲地面对食物。和工作上合作的对象一起吃饭，和好朋友一起吃饭，或是和家人一起吃饭，无论是绷紧神经的场合，还是彼此可以放松的关系，都需要某种程度的礼仪。

餐桌礼仪可以从小学习，也可以在长大之后自学。凭自己的意愿主动学习，比成长的环境更重要。即使不知道餐桌礼仪的详细规矩，只要"挺直身体""不跷二郎腿"，印象就会大不相同。

以前学茶道时，曾经有多次机会参加新年的第一次茶会。穿上和服，系上和服腰带后，身体自然就会挺直。而且也了解到，把碗端起来吃东西，和服的袖子就不会碰到食物。因为系了和服腰带的关系，身体无法前倾，在吃日本料理时，就要把食物拿到自己面前。这样的餐桌礼仪"很合理"。

越是深入了解茶道的步骤，越会发现这些步骤都是经过精心设计，动作才能如此优美而富有效率。

西餐有西餐的规矩。高中时，曾经有一堂课的内容是"去饭店学习餐桌礼仪"，虽然当时只觉得"能够去吃美食很开心"，但在进入社会后，才发现那一堂课多么宝贵。也许现在重新去学习餐桌礼仪也不错。

我不时想起茶道老师虽然有一定的年纪，但吃饭的姿势很优美。毫不拘谨，且很优雅。事后才体会到，正因为自己吃饭时，很容易浑身都很放松，所以遇到这种榜样很重要。因为礼仪是为了别人，也同时是为了自己。

# 25 渐渐适合自己的东西

忘了什么时候，在闹市区的某家咖啡店，看到一个年纪和我相仿的女人站在收银台内。她的年纪大约在四十五岁到五十五岁之间，她把一头白色长发高高地绑成马尾，发梢微鬈，竖起白衬衫的领子，系了一条与那家咖啡店主色调一致的深绿色围裙。

她实在太美了，我在点咖啡的同时，目光忍不住盯着她。

无论是一头白发、发型、姿态，还是声调，全身上下都让我很想向她请教。在每个人都追求冻龄的时代（男人或许也一样），很多人都会把白发染黑。但那个女人反其道而行，而且很适合她。

当她送咖啡上来时，我忍不住对她说："你的头发真漂亮。"她略微惊讶的表情很可爱。我觉得看到像她那样的女人，不知道带给我多大的希望。说"希望"或许有点夸张，要怎么说呢，总之，会让我觉得"嗯，没问题"。

去国外的时候，经常可以看到上了年纪之后，仍然优雅出色的女人。虽然无意模仿所有人，但看到在海滩穿着比基尼的人；身穿飘逸洋装的身影；光着脚在草地上放松的人；拎着篮子，开心地在市场购物的人；觉得她们自信的身影很有魅力。

岁月的痕迹会在每个人身上累积，皮肤的状态会改变，头发也会变白，指甲、体形、声音和心情也会发生变化。能不能享受这些变化，或许决定了如何接受这些变化的态度。

我在四十五岁之后，开始使用天然染发剂染发。和用化学染发剂相比，天然染发耗时费工。虽然也可以自己动手，但我还是坚持每个月去发廊染一次。

我的头发已经白了很多，但我目前还希望自己维持一头黑发的感觉。为什么呢？也许是因为我还无法想象自己白发的样子。也许在某个时间点，某个契机之下，我会停止染发，只是目前还不知道会是什么时候、怎样的契机让我做出这样的决定。

变成白发，买衣服时应该可以挑选一些以前不曾尝试的颜色，也可以尝试新的化妆方式。可以把一头白色长发绑起来，剪成超短的发型也不错，搭配色彩鲜艳的首饰应该很漂亮，到时候可以和以往不同，成为全新的自己，也许这种"全新"的感觉会让我乐在其中。

# 26 舒服的宽松

不时看到有人说，为了避免身体松懈，"不要穿宽松的衣服"。我的情况刚好相反，几乎所有的衣服都很宽松。我最喜欢的就是没有腰身的洋装，没有任何包身的线条，无论材质和款式都很轻松、舒服。即使不小心吃太多，衣服也不会变紧。虽然偶尔需要适度的压力刺激自我，但会成为负担的压力只会造成反效果，宽松舒适的衣服无论对身心和体型都比较好。

随时努力让自己的身体更好。所以，因为吃太多而烦恼和维持良好身材的愿望，只要交给自律的身体，自然就会向好的方向发展。人生需要留有一些空白，身体和服装也需要自由。

我很希望一年四季都可以穿洋装和海滩鞋，这种"宽松"的感觉很适合我。

# 27 不同场合的白色衣服

　　我经常穿白色的衣服。白衬衫、白裙子、白色洋装、白色长裤、白色 T 恤，还有白色毛衣。衣柜里的衣架上，有好几件大同小异的白色衣服。

　　我不记得自己从什么时候开始喜欢穿白色衣服，只是有一天发现自己有很多白色衣服。很多人觉得白色衣服很难"伺候"，但我觉得白色是属于我的颜色。白色本身所具备的力量很迷人，而且也很容易搭配其他颜色，应该是这个原因，导致我的白色衣服越来越多。

　　但有一个问题，喜欢并不等于适合。

　　以前曾经适合自己的东西，是否无关年纪渐长，都会一直适合自己？相信很多人凭经验知道，并不是这么一回事。

　　即使体重没有改变，身体的线条却和以前不一样了。说得好听点，就是变得丰腴；说得实际一点，就是线条不再利落。以我个人为例，无法将洗干净的衬衫或 T 恤直接穿在身上，有时候也要考虑材质。

在穿白色衣服时，即使是 T 恤，我也都会在熨烫之后再穿，材质是甘地布（印度的手织布）和亚麻布等这些不需要熨烫的衣服也一样。和以前相比，都需要多这道步骤，我才穿上身。

我挑衣服时，都会尽可能挑选柔软材质，感觉不会太厚重的布料。以前，只要中意颜色和款式，就会毫不犹豫买回家，如今更注重手感、材质，希望穿在身上感觉轻盈、利落。

现在市面上有些克什米尔风格的衣服价格也很亲民，有棉和蚕丝混纺的材质，也有轻薄材质的衣服，可以让身体的轮廓更有女人味，一年之中可以穿三个季节，非常方便实用。棉和蚕丝混纺的材质比纯棉材质更柔软，穿在身上也更舒服，

既可以单穿，也可以作为内搭。这种沉稳的衣服更适合日常穿着。

年岁增长之后，无论心情、外表和动作都渐渐变得平和沉稳。这种时候，穿白色的衣服就可以为心情和姿态增添畅快和灵动感。我觉得这种感觉很重要。

穿上白色衣服时，心情很轻松，情不自禁抬头挺胸，感觉吹来的风也格外舒爽。

我相信这必定是"白色的力量"。

# 28 量身定做

我发现自己一直都在配合周围，从一些小小的约定到社会的规则，有时候甚至别人没有表达任何意见，却被自己创造的自己所束缚。到了这个年纪，也许是摆脱这些束缚的时候了。

最让我感到不自在的，就是每天穿的衣服。有一天，我在穿衣服时，突然有种不太对劲的感觉。前一天还完全没有任何不自在，但那天觉得自己身上的衣服又重又硬，浑身都感到不舒服。

我在用甘地布请人为我定制衣服后，穿别的材质的衣服时才开始有这种感觉。我不时去的那家定制服装店，步行就可以走到，大橱窗内有很多用甘地布做的衣服。

基本款式的样品服都用衣架挂在店内，顾客可以从中挑选自己喜欢的款式，再从陈列的甘地布中挑选自己喜欢的颜色和花纹。

虽然店内有基本的款式，但可以将袖子改成自己喜欢的长度，也可以要求裙子做得稍微长一点，或是多打几个褶。我第一次造访时，忍不住觉得"这家店太棒了"。

每个人的体形都不相同，即使身高相同，骨骼大小、手臂长度、腰围大小……都不一样，世界上找不到两个体形完全相同的人。但是，成衣的尺寸都固定不变，于是我们只能去"配合"这些成衣的尺寸。因为一直以来都是如此，所以我也认为"就是这么一回事"，视之为理所当然。

穿过为自己量身定做的衣服之后，就知道那种感觉有多舒服。虽然喜欢这个款式，但裙子太短了；真希望再宽松一点；这里改成这样，就会感觉很清爽；真希望还有其他颜色……只要稍微修改一下，就实现了以前的任性愿望。

曾经有一段时间，我找不到自己想穿的衣服。外面卖的衣服和我想要的衣服、适合我的衣服有很大的落差，即使出门逛街，也看不到中意的衣服，经常两手空空回家。自从发现了甘地布的衣服后，我又重新找回了打扮的乐趣，"没错没错，这就是我要的感觉""打扮自己果然很开心"。

　　步行就可以走到的那家店，我熟悉它周边的环境，了解气温和湿度等气候因素，以及周遭环境流动的气氛。

　　这里每到夏天，就有很多人穿海滩鞋，皮肤也都晒得很黑。傍晚时分，凉爽的海风吹来，时间缓慢流逝。在这种环境生活、生存的人，似乎真的更适合轻松舒适的衣着。

　　我觉得至少在衣着问题上，可以为自己量身定做，穿上自己爱的款式和颜色，按照自己尺寸做的衣服。

　　随着年纪的增长，越来越知道适合自己的衣服，也许并不需要很多。当能够有这种想法时，在某种意义上来说，已经获得了自由。

　　穿为自己定做的衣服，衣服为自己而穿。也许可以从这件事开始做起。

# 29 对自己的肌肤负责

　　回想起来，和现在相比，年轻时反而用了好几种昂贵的化妆品，只是并不知道当时的肌肤是否需要这些化妆品。现在——从几年前开始——真的越来越简单，只有化妆水、乳霜和卸妆剂，偶尔使用按摩油。

　　我目前都使用有机品牌的化妆品，有持续使用多年的化妆品，有时候也会根据肌肤的不同状态和季节的更替，使用其他品牌的化妆品。

　　每天早晨用温水洗脸后，只擦化妆水。晚上卸妆之后也擦化妆水，感觉有点干燥时，才擦点乳霜。至于精华液之类的东西，每次拿到样品时，就觉得"果然应该擦点精华液"，但却完全不会自己去买。

　　卸妆时，都会卸得很仔细，而且冲得很干净。用手掌掬起温水，冲洗五十次左右。冲洗的时候，手要由下而上。这是以前在电视节目中看到的"有益肌肤的洗脸方式"，觉得"有道理"，一直持续这种洗脸方式至今。我记得……那时候三十岁左右。

除此以外，偶尔在早晨做一下简单版的印度传统医学阿育吠陀式按摩。可以将市售的白芝麻油加热到即将沸腾，冷却后，作为按摩油使用。使用时，可以用隔水的方式加热，然后放在手掌上，从头（头发）按摩到脚。

加热后的油擦在皮肤上很舒服，按摩油会完全渗透进入皮肤，使你忍不住深深叹息。在全身按摩之后，等待片刻再洗澡。"等待片刻"是重点，但我每次都等不及，按摩结束之后，就立刻去冲干净了。即使没有耐心"等待片刻"，在干燥的季节，无论肌肤和头发都很滋润，头发也很有弹性，身体根本不需要擦乳液。

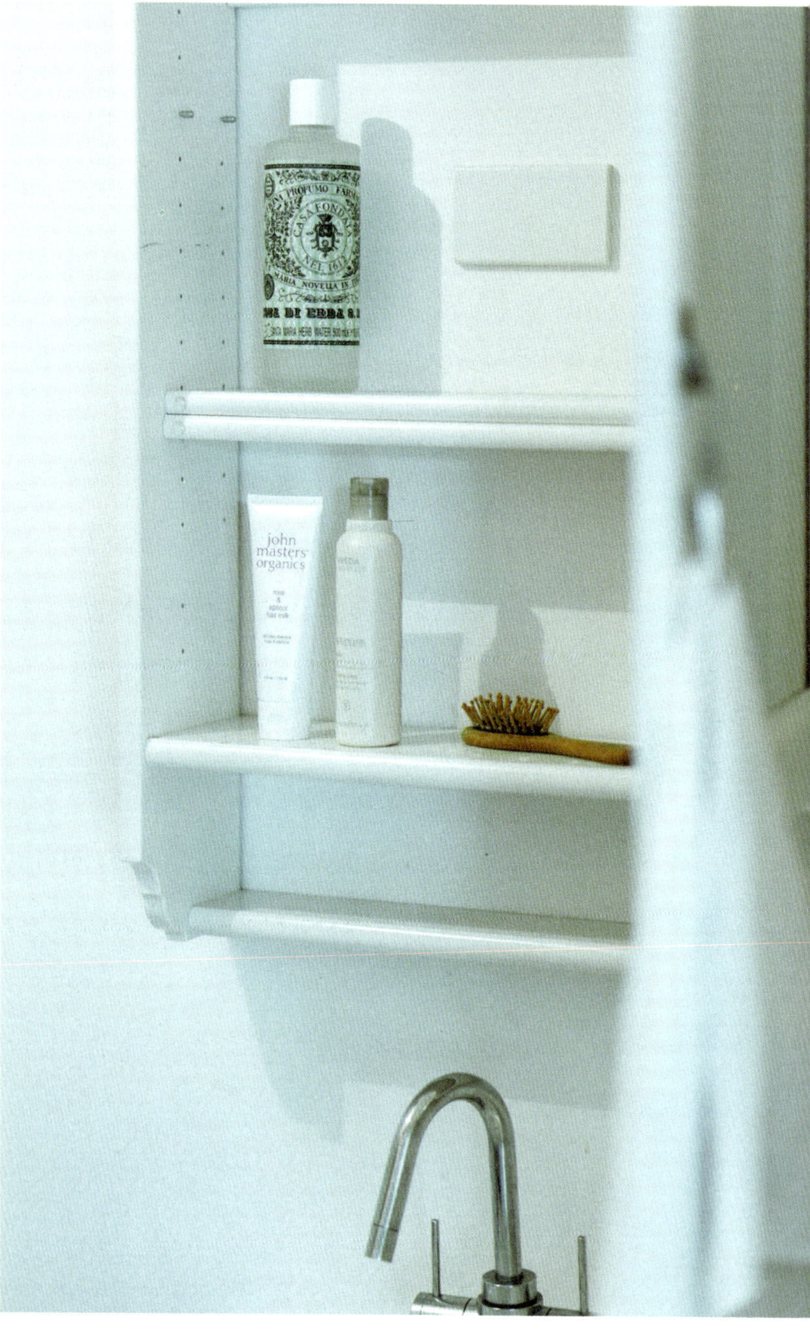
john masters organics

市面上很容易买到芝麻油，而且价格也不会太昂贵。白芝麻油没有芝麻特有的香气，推荐大家在日常使用。

肌肤往往反映了一个人当时的状态。除了年龄以外，精神状态、身体状态、饮食生活、睡眠、服用的药物和思考方式都会影响肌肤。当精神压力大时，肌肤的状态也会变差。年龄和经验告诉我，对肌肤来说，"如何生活"比"使用什么化妆品"更重要，所以我希望能够对自己的肌肤负起责任。

"我希望皮肤更白""希望没有黑斑"……一旦这么想，就会永无止境。我的皮肤总是晒得很黑，平时我不怕晒太阳，而且也很容易晒黑，从小皮肤就不白。反正已经和自己的肌肤相处了五十年，只能继续相处下去。以后……希望也能够用自己的方式，好好对待肌肤，继续相处下去。

# 30 贴身衣物……

以前，曾经看过一位小说家在散文中提到"绝对不在拍卖时买内衣"。在那篇散文中，还有好几项"绝对不做"的事，但不知道为什么，我只记得这件事。也许是因为当时留下了深刻的印象。

我的内衣裤都挑选简单的款式和同色系，每次都是去相同的店家购买。店家会记录我曾经买过的内衣裤、尺寸、款式、型号和颜色，所以，想要买相同的内衣裤时，就可以放心购买，当相同的款式出了不同的颜色时，店员也会告诉我。

购买新款时，如果可以试穿，我一定会试一下。因为隔了一段时间没买，要确认尺寸是否有变化。

有时候即使很喜欢某个款式，如果尺寸不合，就会立刻放弃。因为它最贴近肌肤，而且每天都会长时间穿在身上，所以一定要挑选适合自己身体，符合当时心情的贴身衣物。

不需要买昂贵的贴身衣物，也不需要买很多，可以爱惜使用自己真正喜欢的，用了一段时间后，就汰旧换新……这样的方式最理想。

　　我发现到了肤色变得黯沉，肌肤失去弹性的年纪之后，反而有更多适合自己的衣物。以前我不太敢尝试太有女人味的贴身衣物。但随着年岁的增长，却可以穿出自己的味道。正因为是现在这个年纪，所以才要穿女人味的贴身衣物。

　　双手、双脚保持干净，心情就会变好，贴身衣物也有相同的效果。

# 31 第一副墨镜

在坐四望五的最后一年，我发现左眼有点看不太清楚，但只是偶尔而已，所以并没有放在心上。迈入五十岁后不久，在光线很强的时候，觉得很刺眼，明显感觉到更看不清楚了。

我向来很少去医院，更难得去眼科看诊，但觉得"应该去看一下了"。于是，在接受了几项简单的检查后，等待医生的诊断。医生看起来比我稍微年轻一点，用轻松的语气对我说："是初期的白内障。"

才五十岁就有白内障，似乎有点早。但医生说，有些人在四十多岁就有白内障的症状了。我再度体会到，身体状况和"因为目前几岁了"无关，而是"每个人的身体都不一样"。

虽然白内障可以借由手术，在角膜的部分植入人工水晶体加以改善，但会影响眼睛的远近调整，医生并不建议我立刻动手术。虽然因为我平时开车，因看不清楚会造成困扰，但既然医生说"不需要马上动手术"，而且我自己感觉还不至于太严重，所以决定暂时"静观其变"。

但医生叮咛我一件事，那就是"在光线很强的季节要戴太阳眼镜，非戴不可"。

我没有太阳眼镜。因为……我戴太阳眼镜不好看，但为了保护眼睛，为了看得更清楚，只能听医生的话。人有时候会因为意想不到的原因，需要某些东西。比方说，太阳眼镜。

好了，该怎么办？我根本不知道要去哪里买太阳眼镜。左思右想之后，决定去偶尔会去逛逛的那家店看看。因为我觉得既然是自己平时喜欢的店，那里的太阳眼镜"或许有适合我的款式"。

那家店闹中取静，气氛轻松，静静地播放着音乐，旁边是一个大公园。

那天，我请朋友陪我一起去。因为我觉得即使试戴之后，也无法确定是否适合自己，所以邀朋友同行。

我看中了两副形状相同，颜色有微妙差异的眼镜，轮流试戴之后，总觉得……有点难为情，镜子中的自己好像是另外一个人。

二十多岁时，一直认为"大人才适合戴太阳眼镜"，如今，我正站在"那个位置"。

最后挑选了一副长方形的棕色太阳眼镜。如此这般，我在迈入五十岁之后，买了人生第一副太阳眼镜。

之后，会遇到不少需要和睦相处的……情况。同时也包括身体和心灵，那是和之前不同的变化，这次的太阳眼镜事件，也算是其中一例。

自己第一次遇到的事，往往会觉得"很特别"，虽然每个人各有差异，但其实每个人都会遇到，所以不必想得太严重，但要做力所能及的事加以改善。

不妨视之为一件新鲜事，好好乐在其中。

# 32 身体的角落

手指、脚和脚跟很容易看出年纪。忘了是什么时候，我在指甲上发现了纵向的线条。那是年龄造成的。

我每周都会保养双手和双脚。

以前，我的指甲都剪得很短。自从有人告诉我，稍微留一点指甲可以保护手指之后，我就提醒自己不要剪得太短。

双手很容易变得粗糙，所以洗碗的时候，都会戴上橡胶手套，随时擦护手霜。无论是不是穿海滩鞋的季节，我都会仔细保养双脚。

无论别人是不是会看到，我都希望"身体的角落"保持干净，当身体的角落很干净时，我的心情就特别好。

# 33 美好的事物

使用美好的东西，看美好的事物，听美好的话。当身边有很多美好的东西时，是了解"美好"的快捷方式。

如今，人生走到了下一个阶段，我希望重新思考至今为止的美好，和从今以后的美好。因为我发现，除了以前认为很美好的事物以外，世界上充满了更多美好的事和物，当有充分的时间注意到其他的事，自己内心有了余裕之后，就能够发现更多的美好。

有时候，能够在岁月的累积中了解美好。

比方说，"如何过日子"和"生活"就是一例。

当看到某个人穿衣服向来很有品味时，起初往往只注重那个人的这一小部分而已，但是，久而久之，这种认识也会更加深入、宽广，并渐渐了解到对方的背景……

了解对方的兴趣爱好，对待工作的态度，喜欢的东西，和别人相处时说什么话，早晨的生活，和社会之间的关系。当知道这一切之后，就可以了解那个人的生活和生活的重心。

当发现对方不光是衣着打扮的品味很"出色"，生活态度也很出色时，这种"美好"的感觉就会更加深入。

所有的一切都密切相关——任何一个面向都是许多面向中的一面而已，一件事中往往包含了很多事。

美好不光是自己的感受和想法，也同时需要有第三者的呈现才能成立。所以，我遇到感觉"美好"的事，对别人、对自己，都会不时扪心自问。当"美好"这两个字可以舒服地进入内心时，那就是见识到了新的美好，这将在日后孕育更好的事。

无论身心，还是灵魂，以及人生，都需要美好。

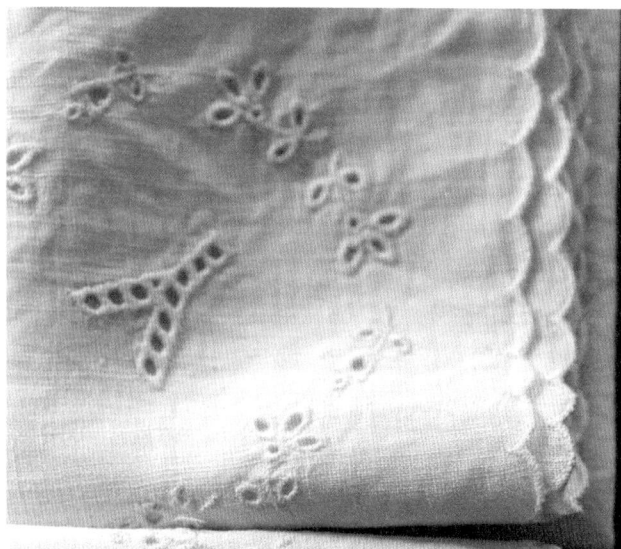

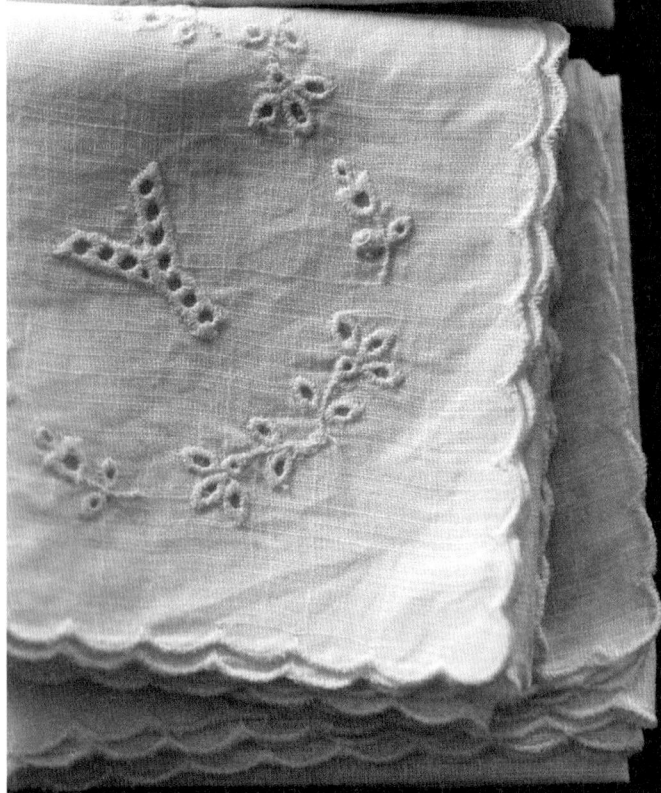

# 34 白色手帕

出门时，我都会在皮包里放一块白色手帕，而且必定是熨烫过的手帕。这是源于很久之前的习惯。

如今，即使不带手帕出门也没有问题，但我仍然习惯带手帕。之所以选择白色手帕，是因为可以漂白。手帕不太容易坏，只要好好使用，喜欢的手帕可以使用很多年。

我一直使用绣了我姓名缩写的麻质手帕，牢固而有凉爽的感觉。我有好几块相同的手帕，而且使用了很多年，甚至觉得这几块手帕可能会在我手上变成古董。

在日常生活使用的物品中，有一件这样的东西似乎也不错。我就是带着这种想法，持续使用这几块手帕。

# 35 将意识集中在喜欢的事物上

随着年岁的增长，有时候会变得顽固。因为了解到这个世界的真相，知道并不是肉眼可见的世界才是"真实"的。

然而，即使身处这样的世界，仍然可以将意识集中在自己喜欢的事物和微小的幸福上。也可以倾听一些微小的声音，尽可能地将注意力停留在开阔的世界中。

有时候不妨从远处打量自己容易变得顽固的心，静静地观察自己的话语、想法和平时的行为中，掺杂了怎样的心情。停下脚步，凝视这个世界如何变化。无论身在何处，都有自己该珍惜的人、事、物。

让自己生活在一个可以认为"人生在世，是一件美好的事"的世界。这是我理想中的生活，你呢？

# 36 开心过日子

哪些事、哪些东西可以让我开心？我在即将迈入三十大关之际，就持续思考这个问题。目前，仍然经常思考让"目前的我"感到开心的事。

我在三十岁之前，就决定要"开心过日子"。当时我在出版社当编辑，觉得自己需要休假，结果勉强挤出时间，请假去南方的岛屿国家旅行。我去了夏威夷。之所以会选择夏威夷，是因为觉得当时的自己需要看到村上春树先生在《舞，舞，舞》中所描绘的夏威夷风景。

我在檀香山转机前往茂宜岛。等待我的是蓝天和温暖的海洋，灿烂的阳光和一片色彩柔和的海滩，天空中飘着白云，完全是"典型的夏威夷"，典型的南方岛屿风景。

我去饭店办理完入住手续之后立刻跑到海边。一望无际的海滩，来到海边的大人都尽情地享受那一刻。

我泡在海水中，脑袋放空，思想随波逐流，感受到有什么东西从身体深处涌现。面向平静的大海，一抬头，就看见蔚蓝的天空。海滩上传来小孩子的笑声。原本紧绷的身心渐渐放松了。

当时，我深刻而真切地感受到，"此刻的我很幸福"。我想到，人生在世，也许就是为了休会这种感觉。

我就是在那时候，决定要"开心过日子"。从那一刻开始，踏上了思考"开心是什么"的旅程。

如果不了解什么是自己感受的开心和幸福，就无法决定自己前进的方向。要了解自己的感受，而不是别人的感受。

每天可以喝好喝的红茶；在干净的房间内生活；舒畅的人际关系；用自己认同的方式工作；将想法付诸行动；想要见谁，就安排时间见面的态度；可以安睡的地方。

这就是令我开心的生活方式。不妨随时停下脚步思考、感受，不时遇到一些逼迫自己思考的事，也会发现让自己开心的事。

随着年龄的变化，开心"这件事，会在时间中逐渐发生改变。开心和身心状态密切相关，有没有伴侣，有没有孩子，也会造成影响。心情会随着工作、生活、家人、朋友等自己周遭的一切而有所改变。

"不知道五十岁后开心过日子的生活方式是怎样的？应该有和以前不一样的开心，也会有相同的开心。我刚迈入五十岁，便踏上了摸索新开心生活的旅程。

# 37 魅力

曾经有人称赞我的声音。

从小时候开始，大家就说我的声音很低沉，别人经常听不清楚，我很在意这件事，为此感到自卑。也许是这个原因，所以直到现在，我说话也特别小声。我很想放开喉咙大声说，却无法做到。

虽然我不太喜欢所谓的"女人味"。但在声音方面，很希望自己有高亢的、女人味的声音。

所以，当有人称赞我的声音时，我有点……不，是相当惊讶！慌忙说："不，没有啦……"不知道接下来该说什么。

回想起来，我大致能够猜到对方为什么称赞我。低沉的声音应该让人感到安心，说话传达出来的魅力也许不是靠声音本身，而是靠话语本身的力量所传达出的说话者的态度。

自己听到的声音和别人听到的声音不一样，所以无法了解真正的原因，但我猜想应该是这样。

到了这个年纪——虽然这种说法不太好——很少会受到称赞。有时候目不转睛地看着镜子，觉得"这也难怪"。这是很自然的事，所以我也接受了；但相反地，当受到称赞时，就会感到很高兴。

发现自己的"魅力"很重要。当别人称赞自己身上的某些优点时，就坦诚地接受，并向对方道谢；珍惜虽然别人不了解，但自己觉得"很不错"的优点；同时，暗自增加自己觉得"出色"的优点。

有些"魅力"与生俱来，也有些靠后天的持续努力，渐渐成为自己的"魅力"。

我走路时，尽可能放慢脚步。走路的时候，要乐在其中。

之前接受矫正时，治疗师要求我"试着用好像走在草原上的方式走路"。

走在草原上……

走在草原上时，视线会看得比较高、比较远；步伐会变大，抬头挺胸；放松肩膀的力量，呼吸变得更深、更慢；心情很畅快，可以感受到风。

虽然这种感觉只有自己了解，但持续之后，姿势变好了，站姿也变得很挺拔，而且似乎比较不容易累。

最重要的是，"走在草原上"是一件充满魅力的事。

把外界和事物的"魅力"，转化为自己内在的魅力。年轻时，即使不需要努力，也有很多吸引人的"魅力"，也许只是自己没有发现而已。

从今以后，要多发现自己的魅力，而且要努力增加魅力。

我以前曾经希望自己说话时，能够保持舒服的声调。虽然我的声音还是比较小，也很低沉，但希望声音和话语传入自己的耳朵时，听起来很舒服。

两三年前曾经这么想过，之后慢慢保持下来。如果因此成为"魅力"，就代表实现了一个微小的目标。

# 38 口袋里

在每天的生活中，有些东西可以丰富自己的人生。有些人可能同时拥有好几件这样的"东西"，它们会随着年龄、生活的地方和内心的状态发生改变，有些丰富人生的"东西"可能从小到大都会伴随着自己。

我从小就喜欢书本。

我对阅读的喜爱源自一本书。《仕梅溪边》是"小木屋系列"中的一本，我在九岁还是十岁时因为看了这本书，了解了"阅读的乐趣"。

说自己"喜欢阅读"，可能会让人觉得我是一个很文静的人。但我小时候除了阅读，既喜欢活动身体，也喜欢幻想，目前仍然没有太大的改变。

随着年岁的增长，有些事会发生巨大的改变，但有些事不会改变。有时候忍不住为这件事感到高兴。

现在，能够阅读自己喜欢的书，也让我感到高兴。我喜欢和文字的相遇。

书中有很多不同时期的我所需要的内容，当发现那句话、那段文字时，原本散乱的点和点联结在一起，某些东西好像相互吸引，合为一体。

有时候会在书上发现自己正在思考的问题的答案，有时候也会发现一扇新的门。我就是为此翻开书本。

虽然这么说有点夸张。但这种时候，每每让我觉得"不枉此生"。因为有幸来到人世，能够在这里看这本书，所以才能够产生这些体会和感受。而且，儿时的"喜欢"带我走到了今天，这是人生美好的一幕。

曾经有一段时间，我总是多愁善感地思考"人为什么活着""人生该走向哪个方向"这种大问题。

人生在世，就是来到了这个地方……真希望回到过去告诉十几二十岁的自己，自己在未来的人生中，会产生这样的体会。

"喜欢"的感觉，也许就像是可以通往那里的通行证。从小时候开始，口袋里其实就有一张这样的通行证，只是在长大成人之后才被慢慢发现。

应该是人生中走过的这段岁月，让我意识到这件事。

# 39 贴上希望

"让自己看见"是一件很重要的事。因为对任何人来说，眼睛看到的信息更容易留下深刻印象。

我贴了一张某个人的照片在我的家里，并不是那个人活跃在第一线的身影，而是他在训练时的照片，平时很难看到他这样的身影。但我认为正因为他在日常生活中能够将自己的身心维持在理想的状态，所以才能长期活跃在第一线。在结果决定一切的世界，他为此持续默默努力，这一点令我深受感动。

贴那张照片，并不是为了和自己比较（那是令我望尘莫及的境界），也不是因为向往，而是为了提醒自己不要忘记，"有像他一样的人"。

除了与生俱来的才华以外，还有自己努力奋斗的世界。对我来说，那是闪亮的光芒。

# 40 去做想试试的事

你现在有想要尝试的事吗？试了之后，如果觉得很开心，可以继续下去；如果和想象中不太一样，不妨等待下一件让你想要尝试的事出现。我认为带着这种心态去尝试新的事比较理想。

也许有人从小被叮咛，"既然要做一件事，就要有始有终"。所以，还没有开始，就已经犹豫不决。但是，有些事在实际尝试之前难以了解，而且不要忘记，时间的浪潮不断袭来，然后从身边流逝。

最近，为了玩传接球，我戴了朋友的棒球手套。我之前一直想要试试传接球，实际玩了之后，发现很好。只是目前我还不会特意去买棒球手套。

在蓝天下玩传接球太畅快了，然后，静静地树立了目标——希望有朝一日，可以漂亮地投球。

# 41 原谅与被原谅

时间流逝……具备了能够解决各种问题的力量。即使无法彻底解决，至少能够淡化痛苦和悲伤。

有些伤痛的确无法消失，但回想的次数会随着时间的流逝而减少。人类就是用这种方式走出伤痛，原谅、重生，然后再原谅。

如同我们会原谅他人，别人也在不知不觉中原谅了我们。我不知道从什么时候开始有了这种想法，不知道是不是年岁增长的关系？虽然我知道人的成熟并不是只靠时间，但时间仍然能够带给我们某些力量，让我们看清自己的内心。

并不是只有我一个人在原谅。当了解这件事后，就会发现这个世界更充满了光明与希望。

# 42 喝一杯咖啡的时间

出门旅行时，我都会从容出门，提早到机场喝一杯咖啡。

在机场时，观察来来往往的人，看飞机起降的风景，翻翻自己带的书。如果和别人相约，在等待的时候，就想着对方。有时候也会想象接下来的旅行——即使只有短暂的时间，多一点点从容，也可以让旅行的时间更充实。

目前，较大的机场和主要车站都可以喝到好喝的咖啡，我都会记住在哪里喝了怎样的咖啡，机场内有哪些店。没有咖啡店时，我会在家里泡好喝的茶带到机场。

羽田机场内有东京的美食，我会买饼干和巧克力配咖啡（我喜欢 Ginza West 的饼干）。

机场有着一个国家的味道。我喜欢夏威夷的机场。走下飞机时，感受着阳光、清爽的风和夏威夷特有的气息，觉得

"我终于又来这里了"，更觉得"就是想要这种感觉"。回国时，在机场喝着热咖啡，想着"下次还要走进这片风中"。

坐在北欧某个都是玻璃帷幕的机场大厅时，曾经看着不断变化的天空出了神。

虽然偶尔也会怀念以体力、好奇心和速度为优先的旅行，但目前这种旅行方式也不错。一杯咖啡的时间，让旅行的方式也发生了改变。

# 43 一起去旅行

在我成为大人以后，我才知道自己无法一直停留在同一个地方。因为不可能经常搬家，所以才会选择出门旅行。以前都会特地安排假期出国旅行，现在很享受国内旅行。

四十岁时，我买了可以用一辈子的行李箱。那是欧洲制造的行李箱，我去巴黎时，决定去当地买。所以，那次没有带行李箱出门。可惜那次在巴黎没有买到，是在旅行回国之后，在东京的百货公司买了想要的行李箱。

像箱子般的深蓝色行李箱是纸做的，所以很轻。因为我个子很小，所以一直想要一个轻巧的行李箱。

行李箱内侧是米色的麻质布料，因为东西只放在其中一侧，所以打开或关起行李箱盖子时，里面的东西也不会掉出来。

使用多次之后，可以感受到"人性化的设计"，这款行李箱可以让使用者充分感受到"使用的乐趣"。最重要的是，行李箱的外形美极了。

因为长期旅行时使用的大行李箱实在太好用，所以我又买了一个小号的行李箱，可以在短期旅行时使用。我没有昂贵的名牌包，对我来说，这个行李箱是我最好的包包。

平时，行李箱内都保持净空状态。虽然很想用来装东西，但我不喜欢要用行李箱时还要清理，所以干脆什么都不放，只放一块香气宜人的香皂……西班牙历史悠久的药局制造的香皂散发出茉莉的香气。

日常使用的东西，要挑选自己喜欢的；偶尔使用的东西，更要好好珍惜。人生中，并没有太多次买行李箱的机会。

我的行李箱放在随时可以看到的地方，代表"随时可以出门旅行"，我希望带着这样的心情生活。

# 44 单独见面

最近开始觉得，和朋友见面，两三个人见面时最自在。

两个人见面时可以促膝谈心，聊一些无法在众人面前说的事，内心深处的想法，彼此会有心灵相通的感觉。我认为只有单独见面时，才能够聊这些。

三个人见面时，我喜欢听另外两个人交谈。三个人在一起时，我通常很少说话，因为听别人说话更开心，我会竖耳细听，好像在听诗歌般，听其他两个人的想法和感受。

说话是言语和言语之间的交流，但有时候不需要言语……我最近开始有这样的想法。因为可以在流逝的时间和空间内发现对方。

无论是健谈的人还是寡言的人，不管是男人还是女人，都希望能够共度充实的时光，但我已经知道，"充实＝话多"这样的等式并不成立。

和别人见面时，我会避免谈论第三者的事。即使要说，也只说好话、愉快的内容，只说即使传入当事人耳中也无妨的话。

　　眼前的人就像是自己的镜子。同样的，对方也觉得我是"镜子"，所以，我希望彼此能够共度"充实的时光"。

# 45 大人的眼泪

"哭是好事"。想哭就哭，是一件好事。

当心情起伏时、高兴时、难过时，有时候甚至没来由地差一点流泪。以前，我都会强忍住眼泪。但是，最近想要流泪时，就会让眼泪流下来。

在公众场合不可以流泪。我从小接受这样的教育，自己也一直这么认为。尤其在工作的场合，绝对不能流泪。

不光是我，我相信大部分人都是如此。我曾经目睹过数十次不合理的状况，在社会上工作，难免会遇到让自己为难的事。久而久之，就告诫自己流泪不是好事，尤其是男人更不能轻易流泪……

当自己接触到某些事时，就会产生反应而流泪。目前的我，经常在遇到美好的人和事时，会情不自禁地落泪。难过的时候当然也会哭，但内心被打动时流的泪，远远超过难过的泪水。

这是因为现在越来越容易感动的关系。月色美丽的夜晚、找到了之前想要知道的事的答案时、收到远方的朋友寄来的信、看到电车窗外的风景、读到书中的某个章节、看见电影的某个场景、在音乐和交谈中发现宛如光芒般的话语……这些微不足道的事可以打动我，进而开始流眼泪。

既然深受感动——应该是非常重要的事——就让这份感动变成眼泪，而不想让它变成其他东西。所以，我会跟着感觉走，让泪水流下来。

年轻时，曾经觉得在人前落泪是一种软弱，也无法接受别人这么看我。但是，随着年岁的增长，我知道这并不是软弱。而且，即使真的是软弱，我也觉得无所谓。因为人不可能永远坚强。

我现在经常流泪，流泪的频率高到有点难以想象。因为我觉得流泪也没关系。如果感动会变成眼泪，我希望自己可以身处有很多感动的地方。

　　如果每天的生活中有很多感动，无疑是最棒的人生。

# 46 当年的时光

二十多岁时，我曾经做过书籍编辑的工作。现在回想起来，当时我学到了很多，别人也教会了我很多。除了工作以外，还学到了很多其他方面的事。

比方说，和作者吃饭时，要挑选怎样的餐厅；开会讨论时，要约在哪里见面；要挑选怎样的伴手礼；要去哪里买花，要怎么包装；委托工作时，要怎么写信，要挑选怎样的信纸。除了对工作的态度以外，学到了很多虽然和工作没有直接关系，却很重要的事。

直到我离开当时的职场，过了很久之后，我才知道那段日子让我受益良多。刚辞职的时候，因为变成了自由业者，所以只顾着看前方。说起来，当时对终于可以不必再和同事打交道感到松了一口气……但是，在过了十多年之后，开始回想起"当年……"。

除了职场本身，我也从作者身上学到了很多。

有一次，由我负责编辑某位作家的书。对方是比我年长很多的女作家，在合作过程中，有机会拜访她家，惊讶地发现她家的感觉太舒服了。

整洁的家中摆放着有质感的家具、餐具、书本和几件小摆设，低调奢华的物品都使用了很多年，每一件物品都很有她的特色，也可以充分代表她这个人。当时我深深体会到，"原来可以这样生活"。

从事自己喜欢的工作，把自己的感受化为文字，珍惜时间，在自己喜欢的环境中生活，还有清高。没错，我也是从她身上感受到，人有时候需要清高。

随着岁月的流逝，越来越觉得当时遇到的人、遇到的事多么重要。虽然自己学到了不少，但别人教会了我更多事，只有我自己不了解这件事。人生没有任何经验是浪费的。

即使当时觉得"不必要"，当未来改变时，过去也会发生变化。

目前，我也借由工作，从朋友身上，以及世上发生的事中学到很多，所接触的一切，都会向我传递某些信息。

当年学到的事，至今仍然是我内心的基准之一，我才能够继续做我自己。

遇到怎样的人？和怎样的人相处？随着年纪增长，渐渐发现没有比和他人的相遇更重要的事了。

# 47 调养
## —— 饮食、步行、睡眠、呼吸、信赖

随着年龄的增长，需要调养自己的身体，但如果要做一些特别的事，或是使用昂贵的补品，往往很难持续。每个人可以采取自己力所能及的调养方法，"非如何不可"的事项越少，每天的生活就可以越简单。

我的调养方法就是"饮食、步行、睡眠、呼吸和信赖"。只要能够在某种程度上做到这五件事，就不需要做任何特别的事。

饮食尽量食用当令食材，使用长时间制作的调味料快速烹饪，细嚼慢咽，饮食不过量。至于睡眠，则选择可以安心的场所，能够在晚上十点到凌晨两点之间进入深眠。

步行时，将视线保持在前方，意识集中在身体的中心（丹田）。有时候是为健走而走，有时候则是趁出门采买时，顺便绕一点远路。

呼吸时，用力吐气，然后深呼吸。有时候会发现自己呼吸很浅，所以一天之中，随时提醒自己要深呼吸。

最后是信赖。信赖自己的身体，虽然看不到，但学会感受身体，绝对不要和身体作对，也不要和疾病作对。当身体有不适之处，就学习和睦相处，不要说任何会伤害身体的话。

如此，不仅可以建立起一天的节奏，经过漫长的时间，能够逐渐调养身体，达成与身体和谐相处的方式。

身体每天都在意识无法顾及的地方努力让自己变得更好，我所能做的，就是不要妨碍身体的这种努力。

虽然很容易忘记这五件事，但无论何时，无论身在何方，都随时可以付诸行动。我不时提醒自己"饮食、步行、睡眠、呼吸和信赖"。

# 48 饮食、生存

在迈入三十岁之前，我体会到饮食可以改变身心状态这件事。虽然在此之前，我就隐约了解到饮食能够改变身体，没想到心理状态也会因为饮食而发生变化。即使经过了很多年，现在我仍然认为了解这件事非常重要。

如何吃、吃什么才能够活得更健康？如今，相关信息已经泛滥成灾：出现了"吃这个有益健康""这种食物对健康有负面影响"等各种不同的论调；而且不断推陈出新，这种时候要用"这种食物"，那种情况下建议摄取"那种食物"。如果照单全收，"必须吃"的食物根本都吃不完。

这种时候，我就会认为"饮食代表了生活方式"。该选择吃什么？又该如何吃？到底该相信哪些信息？

信息会随时发生变化，无法以"正确"或是"错误"一概而论，因此，每个人必须视自己的实际情况决定。

我的饮食以蔬菜为主，虽然有一段时间完全不摄取任何动物性食物，但目前有时候会吃鱼，也会吃少量肉类。有时候会吃加了砂糖的甜点，也会喝加了大量牛奶的欧蕾咖啡。目前，我重视"身体"的感觉更胜于"信息"。

　　即使是好吃的食物，或是有益健康的食物，过量摄取，反而会导致身体出问题，也可能导致心理状态不稳定。但是，即使身体状况不理想，只要饮食正常，再加上充分的睡眠，身体就会逐渐恢复。饮食协调，心理状态也会逐渐协调，身体和心灵在深处密切相关。

　　如今，我不会去想"吃这个对身体不好""我竟然忍不住吃了""这个对身体比较好"，而是将意识集中在"吃得开心、吃得美味"上。因为这么想，会让我心情比较舒畅，不必觉得"这个不行"，或是排斥和自己有不同想法的人，

把焦点集中在能够产生"共鸣"的部分，想着"一起享受美食的时光""打造我身体的食物"。

食物原本就具备了这种力量。我渐渐认为，食物是人类生存所不可或缺的东西，而不是被审断的对象。

随着年岁的增长，身体状况会发生改变，身体所需求的食物也会因此发生改变。有时候医生也会提山某些建议，检查的数值也会反映身体的状况……这种时候，就需要重新检讨自己的饮食。将意识集中在身体上，当感觉和以前不太一样时，要随时调整，也可以请教他人的意见。

我一直认为，"饮食，就是生存"。

# 49 保养，让身体维持理想状态

我在四十九岁时，接受了"鲁尔夫治疗法"*。虽然我很早之前就产生了兴趣，但因为一个疗程需要进行十次矫正，需要耗费相当的时间和费用，所以一度犹豫。后来想明白，到了一定的年纪，就需要花费一些时间与金钱去调整自己的身心，于是便下了决心持续接受治疗。从春天开始，一直到初秋桂花飘香时，才终于完成整个疗程。

接受"鲁尔夫疗法"治疗之后，最大的变化，就是不需要像以前那样，每个月都要去整骨、针灸。虽然在接受"鲁尔夫疗法"治疗之前，治疗师就这么告诉我，没想到真的能够做到。

即使有时候感到某些部位不太舒服，只要持续深呼吸，将意识集中在身体上，信赖身体，好好睡觉，隔天或是几天之后，有时候甚至当天就可以恢复。我不知道身体经过了怎样的变化才能够做到这一点，但结果就是如此，完全不需要再做其他事。

这种变化很重要，在将意识集中在身体上时，可以用稍微宽广的感觉去感受身体，最重要的是，不会再产生不必要的担心，也能够信赖自己的身体。

在此之前，我也很信赖我的身休。但现在回想起来，在接受"鲁尔夫疗法"治疗之后，这种信赖更加深入。

当身体疼痛或是不舒服时，有时候可能是意想不到的原因造成的。肩膀疼痛时，可能并不是因为肩膀本身出了问题，而是内脏和身体的习性，或是饮食、心理问题造成的。了解到身体各个部位都有紧密的关系之后，觉得更要与身体和睦相处了。

前一段时间，在接受"鲁尔夫疗法"治疗的半年之后，我再度前往诊疗室调整、保养，又发现了新的问题。我打算之后即使没有特别的问题，也要每半年就去诊察一次。

在日常生活中，提升"让自己的身体变得更好"这件事的优先顺位，打造舒服自在的身体，相信身体会渐渐走向自己能够接受的方向。真正需要的东西，就会在需要的时候出现在自己身边。

※ 由美国生化学家爱达·鲁尔夫（1896 — 1979）所创，建立在解剖学和生理学基础上的身体矫正方法。该治疗方法认为，"均衡的身体"是指和重力协调的状态。治疗时，十次为一个疗程，但不同的治疗师进行治疗的顺序不同。具体方法就是借由按摩筋膜，让身体各个部位恢复原状，激发各个部位的协调，打造"和重力协调的身体"。鲁尔夫治疗法并不是对症治疗法，而是从根本上调整身体的状态。

# 50 要成为怎样的我？——轻快却深沉

年龄，有所谓的"阶段"。二十岁、三十岁、四十岁。然后，就是五十岁。

二十多岁时，工作、人际关系、感情和生活方式都很不稳定。想要去某个地方，却不知道到底要去哪里，也不知道要怎么去，有时候甚至不知道自己身在何处。三十岁左右，终于了解"自己想要过这样的生活"，似乎发现了地图的一小片碎片。当时所看到的风景，至今仍然留在我的心中。

虽然每一个年纪都很重要，但我还是认为，"五十岁"是一个重要的阶段。

五十岁，会有一种"已经走了一圈"的感觉。既是该经历的事都已经经历过的"一圈"，也是虽然发生了很多事，但又绕回来了的"一圈"。只不过是"走了一圈"，并不是回到了原点，而是回到比原来的位置稍微高一点的地方。

迎接五十岁之后，我开始思考"从今以后，要成为怎样的我"这个问题，但并不是设定目标，而是希望日后可以好好陪伴自己。我的内心充满了这样的心愿。

在想象的过程中，脑海中浮现出某些字眼，其中一个就是"轻快"。

我希望"尽可能保持舒畅"。人生想要复杂，可以无止境地复杂。相反地，简单生活看似简单，但反而很难做到，所以我希望生活保持"舒畅"。这种想法从我拿到人生地图的那一天起，就不曾改变，我相信以后也不会改变。

"舒畅生活"，和轻快的感觉很相似。

随着时间的累积，拥有的东西会不断增加。这是一种幸福，但有时候也会思考，"我真的需要这些吗？"

之前轻松拿在手上的东西可能渐渐变得沉重，经过一番努力才得到的东西，以后可能不再需要了。起初自己可能没有察觉这种变化，即使发现了，可能也无法立刻放手。

这种时候，只要想到"轻快生活"，心就会动起来。当小声地说出口时，心情就会变轻松。

渐渐地，就可以分辨出自己需要和不需要的东西，对于自己不需要的东西，也能舍得放手。因为心里很清楚，以后的日子，轻松、轻便更为理想。

很多事都和以前不一样了。努力保持"轻快"，可以成为认清自我的契机。

我心目中的"轻快"，是怎么一回事？把想到的事一一记录下来，就可以了解"我的轻快"是怎么一回事，那是自己往后的人生地图，也是继续迈向人生旅途的新指南针。

这张地图上也画出了至今为止走过的路。原本以为自己走在笔直的路上，结果发现曾经绕过好几次远路，也曾经停下脚步。当初走得很辛苦的荆棘路，回首前尘，发现原来是一段快乐时光。地图上留下了很多足迹，邂逅、离别、相遇，交错的地点，那是一张美妙的地图。

　　手上只留下自己有能力捧住的东西，从今往后，要"轻快"生活，好好珍惜在走过的岁月中体会过的悲伤和痛苦，为生命增加厚度。

　　我希望日后的"轻快"生活，就是这样的"轻快"。

我已经走过了五十年又六个月。迈入五十大关的半年之后，我觉得五十岁"似乎挺不错"。

五十岁的生日一晃而过，隔天之后，有和往常相同的时光（虽然绝对不一样了），也经历了意想不到的时间，但我仍然觉得"人生太美好了"。

意想不到的事……其中包括了开心的事，也有不安的事，但我顺利走到了今天，我相信日后也能够顺利走下去。从今以后，会有从今以后的"第一次"，也会有"经历多次"的事，不知道五十岁的自己如何看待这些事，我希望自己能够乐在其中。

衷心感谢拿起本书，阅读本书的各位读者。不知道各位是因为怎样的机缘阅读这本书？是即将迈入五十大关的人？还是今年五十岁的人？或是五十多岁？也可能是更年轻的读者。无论各位读者几岁，我都希望各位能够健康、快乐地活出自己的特色。

　　感谢在制作本书过程中合作的摄影师加藤新作先生，设计师渡部浩美小姐和编辑渡边智子小姐。拍摄当天，看到新作先生上传的漂亮照片，我不知道惊叹了几次，设计完成时，也忍不住感叹。我有好几本由浩美小姐负责装帧的书籍。从企划到成书为止的这段漫长时间，深刻感受到智子小姐的细心周到。感谢各位，希望有机会再度合作。

　　虽然不知道未来等待我的会是怎样的世界，但我想起了"原野"这两个字，我希望能够不时站在那里（希望自己有能力站在那里）欣赏风景。

　　话说回来，五十岁真是太猛了。


　　　　　　　　　　　　　　　　　　　广濑裕子

图书在版编目（CIP）数据

日日抚慰．大人的理想生活提案 ／（日）广濑裕子著；
王蕴洁译．— 北京：东方出版社，2019.2
ISBN 978-7-5207-0696-4

Ⅰ．①日… Ⅱ．①广… ②王… Ⅲ．①人生哲学－通
俗读物 Ⅳ．①B821-49

中国版本图书馆CIP数据核字(2018)第277081号

50-SAI KARA HAJIMARU, ATARASHII KURASHI
Copyright© 2015 by Yuko HIROSE
All rights reserved.
Interior photographs by Shinsaku KATO
Original Japanese edition published by PHP Institute, Inc.
This Simplified Chinese edition published by arrangement with
PHP Institute, Inc., Tokyo in care of Tuttle-Mori Agency, Inc.,
Tokyo Through Inbooker Culture Development (Beijing) Co.,Ltd

著作权登记号 图字：01-2018-7824

日日抚慰：大人的理想生活提案
(RIRI FUWEI DAREN DE LIXIANG SHENGHUO TI'AN)
...............................................................

作　　者：【日】广濑裕子
统　　筹：吴玉萍
责任编辑：赵爱华
营销编辑：罗佐欧
责任审校：金学勇
装帧设计：张艾米
出　　版：东方出版社
发　　行：人民东方出版传媒有限公司
地　　址：北京市东城区东四十条113号
邮　　编：100007
印　　刷：鸿博昊天科技有限公司
版　　次：2019年2月第1版
印　　次：2019年2月第1次印刷
开　　本：889毫米×1194毫米 1/32
印　　张：5
字　　数：160千字
书　　号：ISBN 978-7-5207-0696-4
定　　价：49.00元
发行电话：010-85924663 85924644 85924641
...............................................................